NOTICE

INDIQUANT LES CAS DANS LESQUELS

les

EAUX MINÉRALES NATURELLES DE VICHY

SONT SALUTAIRES.

~~~~~~

PARIS

IMPRIMERIE MAULDE ET RENOU
Rue de Rivoli, 114.

—

1854

NOTICE

INDIQUANT LES CAS DANS LESQUELS

les

EAUX MINÉRALES NATURELLES DE VICHY

SONT SALUTAIRES.

NOTICE

Indiquant les cas dans lesquels les Eaux Minérales naturelles de Vichy sont salutaires.

Un grand nombre de nos dépositaires, en France et à l'Étranger, nous ayant manifesté le désir d'avoir une notice qui leur indiquât les cas dans lesquels les Eaux de Vichy sont conseillées, nous n'avons vu rien de mieux à faire que de puiser ces indications dans l'ouvrage que le médecin-inspecteur de ces Eaux, M. le docteur Ch. Petit, a publié sous ce titre : *Du mode d'action des Eaux minerales de Vichy et de leurs applications thérapeutiques, particulièrement dans les affections chroniques des organes abdominaux, la gravelle et les calculs urinaires, la goutte et le diabète sucré* (1), ouvrage dans lequel ce médecin a résumé ce qu'une longue expérience pratique lui a appris sur leurs propriétés.

Nous tâcherons d'en extraire sa pensée, de l'exprimer en aussi peu de mots que possible, et nous la compléterons au besoin par quelques citations.

Nature des Eaux de Vichy.

Ces Eaux minérales, qui présentent une heureuse combinaison de divers principes minéralisateurs, sont plus particulièrement de *nature alcaline*, et considérées comme essentiellement *désobstruantes*, ainsi qu'on disait autrefois, c'est-à-dire fondantes et résolutives ; et, en cela, les recherches modernes sont venues confirmer leur antique réputation.

---

(1) Chez J.-B. Baillière, libraire, rue Hautefeuille, 19.

Les sels alcalins, qui entrent dans la composition des Eaux de Vichy, se trouvent dans notre sang comme un des éléments les plus essentiels à la vie.

Pour bien faire comprendre toute l'importance de la médication par l'usage des Eaux de Vichy, le docteur Ch. Petit rappelle que le sang et presque toutes nos humeurs présentent toujours, à l'état normal, seulement à des dégrés différents, le caractère alcalin, et que les sécrétions qui sont acides, telles que celles de la peau et la sécrétion urinaire, sont *excrémentielles*, c'est-à-dire destinées par la nature à être rejetées au dehors.

« Le soin que prend la nature de rejeter les « acides au dehors, à mesure qu'ils résultent des « métamorphoses qui s'opèrent dans nos organes, « ne semble-t-il pas indiquer déjà, dit-il, que la « présence des alcalis dans le sang, dans une cer- « taine proportion, soit toujours nécessaire, indis- « pensable même à l'entretien des phénomènes de « la vie ?

« La présence des sels alcalins dans le sang,

« dit-il ailleurs, est aussi indispensable à l'accom-
« plissement des fonctions de nutrition que le
« cerveau l'est lui-même à l'accomplissement des
« phénomènes intellectuels. Sans l'intervention de
« ces sels, l'action vitale, bien qu'elle soit de na-
« ture essentielle, avant toute autre, ne peut
« s'exercer et avoir ses effets. L'absence totale de
« ces sels dans le sang serait la mort de l'individu.
« Si la proportion qu'il doit naturellement en con-
« tenir, a seulement diminué, les fonctions se font
« imparfaitement, la vie languit, et la persistance
« de, ce défaut d'équilibre dans les principes qui
« entrent dans sa composition, constitue l'immi-
« nence de la maladie, que la moindre cause ac-
« cidentelle peut alors déterminer. »

Effet que les Eaux de Vichy exercent, en général, dans les affections chroniques et les engorgements.

Le docteur Petit pense qu'indépendamment des modifications que les organes malades peuvent éprouver, par suite de l'action que les Eaux de Vichy exercent sur la vitalité de ces organes, il se produit aussi dans ces organes une action chimique, dont il donne l'explication, et qui a pour effet de ramollir, de ramener à l'état liquide les éléments du sang, qui, par leur coagulation, forment les engorgements et tous les épaississements de tissus que laissent à leur suite les inflammations, et qui caractérisent les affections chroniques.

« Dans cette action complexe des Eaux de Vichy, « dans les affections chroniques, lorsqu'elles sont « appliquées à propos, et employées à doses con- « venables, on observe, dit-il, ordinairement aussi « un effet sédatif très-remarquable, ce même effet, « sans doute, que les médecins italiens ont appelé « contro-stimulant. Il est très-remarquable de voir « des malades qui, à leur arrivée, présentent encore « à l'exploration, une sensibilité plus ou moins « prononcée, soit à l'épigastre, soit dans la région « hépatique, ou dans quelque autre point de l'ab- « domen, suivant l'organe affecté, et chez lesquels, « après quelques jours de l'usage des Eaux, l'on « voit cette sensibilité s'éteindre graduellement, en « même temps que les fonctions des organes ma- « lades reviennent à l'état normal.

« Mais, néanmoins, ajoute-t-il, l'effet essentiel
« des Eaux de Vichy, l'effet le plus marqué qu'elles
« produisent, c'est, en même temps qu'elles com-
« battent les prédominances acides que l'on ob-
« serve dans certaines affections, de rendre le sang
« plus liquide ; et c'est précisément parce que ces
« Eaux sont alcalines, qu'elles contiennent du bi-
« carbonate de soude en grandes proportions,
« qu'elles produisent cet effet sur le sang, qu'elles
« sont *fluidifiantes, antiplastiques*, et que, depuis
« des siècles, l'expérience a montré qu'elles sont
« essentiellement désobstruantes, c'est-à-dire fon-
« dantes et résolutives. »

Aussi, dans tous les engorgements, dans la plu-
part des affections chroniques, et surtout dans
celles des organes abdominaux, il considère les
Eaux de Vichy comme étant le plus puissant moyen
qu'on ait à leur opposer. « Il faut seulement, dit-
« il, ne pas attendre que ces affections soient ar-
« rivées à un tel degré de gravité qu'il ne reste
« plus aucune chance de succès. »

Leurs effets dans les affections chroniques de l'estomac et des intestins.

Ainsi, comme on voit, les Eaux de Vichy ne sont pas seulement appliquables au traitement des engorgements proprement dits, tels que ceux du foie, de la rate, des ovaires et des glandes mésentériques, mais aussi, et tout aussi bien, au traitement des affections chroniques des organes membraneux, telles que celles de l'estomac et du canal intestinal, puisque, dans ces derniers cas, il y a aussi ordinairement un épaississement plus ou moins considérable des tissus, une induration plus ou moins grande, enfin une sorte d'obstruction qui réclame l'action fondante des Eaux de Vichy, qui ont en même temps pour effet, dans ce cas, de modifier les sécrétions de la membrane muqueuse qui tapisse ces organes, et de les ramener à l'état normal.

Pour mieux préciser les cas dans lesquels les Eaux de Vichy sont applicables dans les affections du tube intestinal, nous citerons le passage suivant de l'ouvrage de M. Petit :

« En général, toutes les fois qu'il n'existe plus,

« depuis déjà un certain temps, de symptômes
« aigus, que la sensibilité du ventre est nulle
« ou peu prononcée, et que les malades ne se
« plaignent plus de fièvre, mais seulement de di-
« gestions lentes, difficiles, de constipation, de ma-
« laises fréquents, de crampes ou pesanteurs d'es-
« tomac, de tiraillements, de flatuosités de l'es-
« tomac ou des intestins, tous symptômes précur-
« seurs de troubles plus graves, si cet état était
« négligé, l'usage des Eaux de Vichy est parfai-
« tement indiqué, et l'on en obtient ordinairement
« d'excellents résultats. Mais il n'est pas d'affec-
« tion dans lesquelles il soit nécessaire d'apporter
« plus de prudence dans leur administration, sur-
« tout en boisson ; car ici leur action doit s'exercer
« directement sur l'organe malade, et comme il y
« reste toujours, dans ce cas, une certaine suscep-
« tibilité, il faut prendre garde de produire une
« trop grande excitation, et de rappeler l'inflam-
« mation à l'état aigu. Enfin, règle générale, dans
« toutes les affections de l'estomac et des intes-
« tins, les Eaux ne doivent jamais être adminis-
« trées à hautes doses. »

Leurs effets dans les affections du foie, avec augmentation plus ou moins considérable de son volume.

Les Eaux de Vichy ont une réputation si parfaitement établie pour combattre les affections du foie, qu'il nous suffira, pour en donner une idée, de citer le passage suivant de l'ouvrage de M. Petit :

« Les Eaux de Vichy ont, depuis un temps im-
« mémorial, une réputation de grande efficacité
« contre les affections du foie, et il n'est pas, en
« effet, de réputation mieux méritée que celle
« dont elles jouissent sous ce rapport. C'est surtout
« dans les inflammations chroniques de cet organe,
« avec augmentation plus ou moins considérable
« de son volume, dans l'ictère avec ou sans coliques
« hépatiques, et dans tous les embarras des con-
« duits biliaires, que l'on peut véritablement dire
« qu'elles font des miracles. »

Leurs effets dans les affections du foie, avec ictère et coliques hépatiques.

Dans ce genre d'affection du foie, il y a plutôt

une altération de la sécrétion biliaire qu'une affection de la substance même du foie. Il y a souvent dans ce cas formation, dans les voies biliaires, de calculs ou pierres biliaires, et leur expulsion détermine presque toujours des crises plus ou moins violentes, plus ou moins longues, quelquefois horriblement douloureuses, qui ont été désignées sous le nom de *coliques hépathiques*, et qui sont assez souvent accompagnées ou suivies d'ictère.

L'on peut dire que les Eaux de Vichy, par un usage plus ou moins longtemps constitué, guérissent presque toujours cette affection, qu'elles en sont le remède par excellence. Elles n'arrêtent pas toujours immédiatement les crises ; celles-ci peuvent se renouveler tant qu'il y a des calculs biliaires à expulser, mais ensuite, en rendant la bile plus liquide, en empêchant sa coagulation, elles empêchent le retour de la maladie.

Leurs effets dans les engorgements de la rate.

Comme moyen fondant et résolutif, les Eaux de

Vichy sont parfaitement indiquées contre les engorgements de la rate, et elles réussissent ordinairement à les résoudre, mais surtout lorsqu'ils sont la conséquence d'une fièvre intermitente et qu'ils ne sont pas trop anciens.

—◦e◦—

Leurs effets dans la métrite chronique.

Ces Eaux conviennent dans les engorgements de la matrice ou de ses annexes.

« Il est facile de comprendre, dans ce cas, dit
« le docteur Petit, l'utilité de l'action fondante et
« résolutive des Eaux de Vichy ; mais on compren-
« dra aussi que les conditions essentielles de leur
« emploi sont que la métrite ne soit plus à l'état
« aigu, et qu'il n'y ait point encore de dégéné-
« rescence organique. J'ai souvent observé, ajoute-
« t-il, d'excellents résultats de leur action contre
« cette affection, surtout lorsque les malades ont
« bien voulu mettre de la persévérance dans le
« traitement, c'est-à-dire revenir aux Eaux plu-
« sieurs années de suite et prendre dans l'inter-
« valle des saisons les précautions convenables

« pour éviter que la maladie ne fît de nouveaux
« progrès. »

———◇◈◇———

Leurs effets dans les engorgements des ovaires.

Les Eaux de Vichy ne conviennent pas dans
toutes les tumeurs des ovaires ; elles ne conviennent
que dans les cas où ces tumeurs sont une simple
augmentation de volume et de densité de ces organes.

« Qu'elles soient alors, dit M. Pétit, le résultat
« d'un travail inflammatoire, ou que leur déve-
« loppement n'ait été précédé ni accompagné
« d'aucune inflammation appréciable, c'est dans
« cette condition que les Eaux de Vichy, à cause
« de leurs qualités fondantes et résolutives, peu-
« vent être employées avec avantage. »

———◇◈◇———

Leurs effets dans les engorgements mésentériques.

Ce qui précède peut s'appliquer aux engorgements mésentériques ; nous ajouterons seulement une remarque faite par M. Petit, c'est que les engorgements mésentériques étant souvent une conséquence de quelque affection des intestins, l'état de ces organes doit toujours être pris en considération, afin de ne pas donner au traitement une activité qui puisse y déterminer une trop grande excitation.

———◦⇐⊜⊙———

Leurs effets dans le catarrhe vésical.

Les Eaux de Vichy sont employées avec avantage contre le catarrhe vésical. Elles modifient heureusement l'état de la membrane muqueuse, elles en diminuent les secrétions, et rendent en même temps celles-ci moins épaisses et moins plastiques. « Leur efficacité plus ou moins grande « dans ce cas, dit M. Petit, est subordonnée à l'an- « cienneté de l'affection, à son degré de gravité, « qui dépend souvent de certaines complications « qui peuvent exister, telles que, par exemple, la « présence d'un corps étranger dans la vessie, la « paralysie de cet organe, une altération plus ou « moins profonde de ses membranes ou de la pros-

« tate, ou encore l'existence d'un rétrécissement
« dans le canal de l'urètre; enfin un obstacle quel-
« conque au libre écoulement de l'urine, d'où il
« résulte, pour la vessie, une difficulté plus ou
« moins grande de se vider, et, conséquemment,
« le séjour d'une partie de l'urine dans son bas-
« fond, cause qui suffit souvent pour entretenir
« l'affection catarrhale et en empêcher la gué-
« rison. »

Leurs effets dans la chlorose ou les pâles couleurs.

« Il est peu d'affections, dit M. Petit, contre
« lesquelles les eaux de Vichy aient un effet salu-
« taire plus assuré que contre la chlorose. Que
« cette maladie tienne à un certain état des organes
« de la génération ou à toute autre cause ; qu'elle
« soit liée à un mauvais état des voies digestives
« ou à d'autres affections qui peuvent la compli-
« quer, le fait est que ces Eaux, soit par la seule
« influence sur le sang des chlorotiques, de la pe-
« tite quantité de fer qu'elles contiennent, soit par
« l'excitation imprimée à la vitalité de tout leur

« système vasculaire par l'action combinée de tous
« les éléments qui les minéralisent, elles la mo-
« difient de la manière la plus heureuse. »

Leurs effets dans la gravelle et les calculs urinaires.

Les nombreuses recherches du docteur Petit sur la dissolution des calculs urinaires ont démontré l'efficacité des Eaux de Vichy, non seulement contre la gravelle, mais aussi contre les calculs urinaires.

L'usage des Eaux de Vichy rend facilement et très-promptement l'urine alcaline, d'acide qu'elle est ordinairement, et lorsque ce liquide a acquis cette qualité, la formation de la gravelle et des calculs ne devient pas seulement impossible, mais il y a alors une action dissolvante, exercée par l'urine alcalisée sur les graviers et les calculs formés. Dans les cas de gravelle ou de calculs d'acide urique, cette action s'exerce sur l'acide urique lui même, mais elle s'exerce aussi, et dans toutes les espèces de calculs, sur le mucus qui sert de lien, et comme de ciment, aux parcelles calculeuses qui entrent dans leur composition.

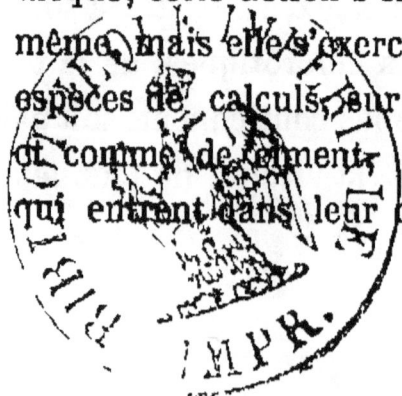

« Pour se faire une juste idée, dit le docteur
« Petit, de l'action des alcalis sur les différentes
« espèces de calculs, il faut se rappeler que les sels
« qui composent ces concrétions ne sont jamais
« purs, et qu'ils ne forment pas un tout parfaite-
« ment cristallisé. Les sels se déposent lentement,
« successivement, par couches concentriques plus
« ou moins régulières, ou quelquefois par une
« sorte d'agglomération sans régularité bien appa-
« rente; mais il faut surtout faire attention au
« rôle important que joue, dans ce cas, le mucus
« vésical. Ce mucus qui, dans tous les cas de cal-
« culs, mais particulièrement dans ceux de calculs
« phosphatiques, toujours sécrété en plus grande
« quantité que dans l'état normal, se mêle avec
« les dépôts calculeux, s'interpose entre leurs molé-
« cules, en augmente la force adhésive, et se com-
« porte enfin comme un véritable ciment à l'égard
« de ces molécules et des différentes couches dont
« se composent ces calculs. Or, ce fait du mélange
« de cette matière animale dans tous les calculs
« m'a semblé d'une grande importance, à cause de
« la propriété que possèdent les alcalis de la dis-
« soudre. N'est-ce pas déjà une raison de plus de

« compter sur l'efficacité de ces dissolvants dans
« les cas de calculs d'acide urique ? Et ne peut-on
« pas aussi profiter de cette propriété des alcalis,
« de dissoudre ce principe constituant des calculs,
« pour chercher, soit par des boissons alcalines,
« soit par des injections de même nature dans la
« vessie, à désagréger tous ceux dont les autres
« éléments ne sont pas ou sont peu solubles par
« les mêmes moyens, de manière à n'avoir plus
« qu'à favoriser la sortie du sédiment calculeux,
« en excitant une sécrétion abondante d'urine, ou
« au moyen des injections elles-mêmes ? Ne doit-
« il pas suffire pour cela de rendre l'urine alcaline
« et de la maintenir à cet état pendant un certain
« temps, ce qui est facile et peut se faire sans
« inconvénient, pour les malades, en employant les
« Eaux naturelles de Vichy ? »

Quelques médecins avaient exprimé la crainte
qu'en rendant l'urine alcaline, il ne pût, dans certains cas, se déposer des phosphates, et, par conséquent, se former des calculs phosphatiques ;
mais M. Petit a démontré, dans une longue polé-
mique, qu'il a eu à soutenir à ce sujet, que cette
crainte était tout à fait sans fondement.

« Ce n'est, dit-il, que lorsque l'urine n'est pas
« alcalisée que les sels phosphatiques peuvent
« former des calculs ou se déposer par couches sur
« des calculs déjà formés ; toutes les fois, au con-
« traire, que les malades font usage d'Eau de
« Vichy, et que l'urine est sécrétée alcaline, non
« seulement elle ne dépose ni phosphate ni car-
« bonate de chaux, et, par conséquent, elle ne
« peut pas fournir d'éléments aux calculs de cette
« nature, mais elle exerce sur ces calculs une
« action qui tend à les désagréger, et conséquem-
« ment à les détruire.

« Il y a plus, ajoute-t-il, c'est que toutes les fois
« que l'urine est alcalisée par les sels contenus
« dans les Eaux de Vichy, elle devient un obstacle
« à ce qu'il se forme aucune espèce de calcul,
« parce qu'il ne suffit pas que l'urine contienne
« des sels susceptibles de former des concrétions
« dans la vessie, il faut encore pour que ces sels
« se concrètent, qu'ils trouvent dans la vessie une
« substance propre à les réunir, à leur servir de
« lien ; or, l'urine, lorsqu'elle est alcalisée, a pré-
« cisément acquis, par là, une propriété qui enlève
« au mucus la qualité plastique qu'il avait aupa-

« ravant, et sans laquelle il ne peut servir à former
« le lien nécessaire à l'adhésion de ces éléments.
« Si donc, dans ce cas, des sels se précipitaient,
« ils seraient entraînés par l'urine et ne pourraient
« pas former de pierres dans la vessie. »

Cette opinion, soutenue par M. Petit, vient d'être
confirmée par de nouvelles expériences faites par
un chimiste distingué, M. Mialhe, et communiquées
par lui à la Société d'Hydrologie médicale de Paris.

En résumé, il est donc bien démontré maintenant que les Eaux de Vichy détruisent facilement
et très-promptement la gravelle, qu'elles peuvent
même détruire certains calculs, particulièrement
lorsqu'ils ne sont pas très-gros et qu'ils n'ont pas
une très-grande densité, et que surtout, sous leur
influence, comme M. Mialhe vient encore de le
mettre hors de doute, il ne peut, *dans aucun cas*,
se former de calculs phosphatiques.

Leurs effets contre la goutte.

C'est le docteur Petit qui, le premier, il y a
maintenant plus de vingt années, a appliqué les

Eaux de Vichy au traitement de la goutte. Ce qui lui a surtout donné l'idée d'essayer les Eaux de Vichy contre cette affection, c'est l'analogie qui lui a semblé exister entre elle et la gravelle rouge ; c'est la facilité et la promptitude avec lesquelles il voyait constamment disparaître cette dernière affection et tout sédiment rouge, sous l'influence de ces eaux, et dès que l'urine cessait d'être acide pour prendre le caractère alcalin.

Il démontre cette analogie, et il ajoute : « N'est-« il pas permis de conclure de toutes ces observa-« tions et de tous ces faits que la goutte et la gra-« velle sont liées à la même cause, quoique ayant « leur siége dans des organes différents ? Et ne « semble-t-il pas suffisamment démontré que cette « cause consiste en ce que le sang contient un « excès d'acide urique, ou des éléments qui servent « à le former ? »

Cette opinion de M. Petit se trouve maintenant confirmée par l'expérience pratique. Un grand nombre de goutteux ont été soulagés ; ils ont vu leur état s'améliorer sous l'influence de cette médication alcaline, et maintenant ils viennent chaque année plus nombreux à Vichy.

M. Petit ne croit pas que les Eaux de Vichy, pas plus qu'aucun autre remède, puissent guérir radicalement la goutte ; aussi n'a-t-il jamais émis cette opinion ; mais il est parfaitement convaincu que tous les goutteux qui feront habituellement usage d'Eau de Vichy, en même temps qu'ils suivront toujours un régime convenable, consistant surtout en une grande sobriété, et qu'ils se livreront à un exercice suffisant, seront toujours plus ou moins soulagés.

Il résulte, en effet, des observations qu'il a recueillies, et qui sont maintenant extrêmement nombreuses, qu'en suivant le traitement qu'il a indiqué, un certain nombre de goutteux ne souffrent plus depuis longtemps, en même temps qu'ils ont retrouvé plus de souplesse et de force dans les articulations, et que, par conséquent, ils marchent plus facilement ; que ceux qui ont eu encore des accès de goutte les ont eu beaucoup plus rarement, et, en général, beaucoup moins longs et moins douloureux ; et qu'enfin tous ces goutteux, loin d'éprouver le moindre inconvénient de ce traitement, ont vu, au contraire, leur santé générale s'améliorer d'une manière remarquable sous son influence.

M. Petit insiste surtout sur cette considération, que les goutteux ne devraient jamais oublier, c'est que la goutte étant une maladie constitutionnelle, souvent héréditaire, dont le principe se reproduit continuellement dans l'organisme, il est indispensable, pour la combattre avec succès, non pas que ces malades, comme quelques uns l'ont fait, boivent de l'Eau de Vichy en très-grande quantité, mais qu'ils en fassent un usage *habituel, constant ou presque constant,* parce que, s'ils négligent ce moyen à la fois curatif et préservatif, et qu'en même temps ils n'observent aucun régime, ils s'exposent certainement à voir leurs attaques se renouveler.

Leurs effets contre le diabète sucré.

L'expérience a maintenant démontré les heureux résultats de l'usage des Eaux de Vichy contre le diabète sucré, et c'est surtout la théorie que M. Mialhe a donnée sur les causes qui produisent et entretiennent cette maladie, qui a conduit à leur emploi dans ce cas.

Suivant cet auteur, qui part de cette opinion, partagée, d'ailleurs, par tous les chimistes, que *le sucre ne se détruit dans l'économie qu'en présence des alcalis*, le sang, chez les diabétiques aurait perdu de son alcalinité, et, par là, la faculté de détruire le sucre qui se produit sans cesse dans l'économie. Les Eaux de Vichy auraient alors pour effet de remédier à cette insuffisance d'alcalinité, et de rendre au sang la faculté de détruire le sucre, comme cela se passe dans un état normal de santé.

« Si cette théorie de M. Mialhe, disait dernière-
« ment M. Petit, dans une note communiquée à
« la Société d'Hydrologie médicale, n'est pas
« exempte d'objections, il faut au moins recon-
« naître qu'elle est très-séduisante, qu'elle réunit
« beaucoup de probabilité en sa faveur, et quelle
« a le mérite très-grand d'avoir conduit à une mé-
« dication dont l'efficacité ne peut plus être mise
« en doute, et moins par moi que par d'autres,
« car, plus que personne, peut-être, j'ai eu, dans
« ma pratique à Vichy, l'occasion d'en apprécier
« les bons effets. »

Toutefois, M. Petit s'attache à démontrer, dans

cette note, que les Eaux de Vichy, bien que l'usage
en soit très-essentiel et même indispensable dans
ce cas, ne seraient pas toujours suffisantes, seules,
pour guérir le diabète ; qu'elles n'ont et ne peuvent
avoir qu'une part d'action dans le traitement à
opposer à cette affection, et qu'il est nécessaire
que leur action soit secondée par le régime indiqué
en pareil cas, et par un exercice assez actif pour
entretenir convenablement l'action pulmonaire et
favoriser les fonctions de la peau.

Leurs effets contre l'obésité.

Depuis longtemps M. Petit avait remarqué qu'en
général les malades qui sont soumis à l'usage des
Eaux de Vichy, continuées pendant longtemps
et à une dose un peu élevée, perdaient de leur
embonpoint, non seulement sans inconvénient,
mais, au contraire, avec avantage pour leur santé
générale, et il en a cité, dans l'ouvrage où nous
puisons les éléments de cette Notice, plusieurs
exemples remarquables.

Cherchant à se rendre compte de ce qui se passe

alors dans l'organisme, et ne trouvant pas d'autres explications satisfaisantes, il s'est d'abord demandé, avec le docteur Mélier, si l'on ne peut pas supposer qu'il se produit, dans ce cas, une action chimique, dans laquelle la soude s'empare d'une partie de la graisse et se combine avec elle pour former un liquide savoneux qui rentre ensuite dans la circulation pour être éliminé par les voies ordinaires.

Revenant sur cette question, dans un Mémoire qu'il vient de publier, et qui a pour titre : *De la longueur de la poitrine, considérée dans ses rapports avec l'obésité et la maigreur; des moyens de combattre l'obésité, et du mode d'action, dans ce cas, des eaux de Vichy,* il fait connaître des remarques qu'il a faites sur un très-grand nombre de sujets, et desquelles il résulte, pour lui, qu'en général l'obésité se rencontre chez les sujets qui ont la poitrine courte, chez lesquels, par conséquent, la respiration n'a pas une étendue suffisante, et il attribue le développement de l'obésité à ce que, dans ce cas, la graisse et les éléments qui servent à en former, c'est-à-dire cette partie de nos aliments qui sert à la combustion, à l'entretien de la chaleur, ne pouvant pas être détruits, brûlés, parce que le sang ne trouve pas à se charger, dans les poumons, d'une suffisante quantité d'oxigène, se déposent et s'accumulent dans nos organes.

Il étaie ces observations de ce qui se passe chez les animaux mis à l'engrais, et de diverses autres considérations fort intéressantes, qu'il serait trop long de reproduire ici.

Il ajoute que cette conformation particulière de la poitrine, que l'on observe chez les sujets obèses, se rencontre assez communément aussi chez les sujets affectés du diabète sucré, chez lesquels la combustion paraît également insuffisante.

M. Petit ne veut pas laisser croire que l'Eau de Vichy soit le seul moyen de combattre l'obésité. Toutes les considérations dans lesquelles il entre ont pour but de montrer la part d'action que cette Eau exerce dans ce cas, et qui est de favoriser par l'addition du bicarbonate de soude qu'elle apporte au sang, et dont la présence en suffisante quantité dans ce liquide est indispensable à la combustion de la graisse et à la production de la chaleur dans notre économie; mais il insiste sur la nécessité de seconder cette action par un régime qui fournisse le moins d'éléments possible à la formation de la graisse, et par un exercice corporel qui puisse développer les mouvements respiratoires, de manière à faire pénétrer dans les poumons la plus grande quantité possible d'air.

« Il résulte, dit-il, de la pénétration d'une plus « grande quantité d'air dans les poumons, que le « sang se charge d'une plus grande quantité « d'oxigène, et peut alors aller porter l'activité « dans tout l'organisme, en fournissant l'élément « essentiel à l'assimilation, à ce qu'on a appelé la « combustion, phénomène dans lequel la graisse « est utilisée, conformément au rôle auquel la « nature semble l'avoir destinée.

« Mais si, au contraire, ajoute-t-il, les organes « de la respiration ne sont pas suffisamment dé- « veloppés, ou si cette fonction n'est pas activée « de manière à être toujours en rapport avec le « besoin de la nutrition, l'oxydation est incom- « plète, les fonctions languissent, se font mal, et « alors la graisse, n'étant pas utilisée, s'accumule « dans l'économie. »

Noms des différentes sources minérales qui alimentent l'établissement thermal de Vichy.

Les sources minérales de Vichy sont :

La GRANDE GRILLE ,

Le GRAND PUITS CARRÉ ,

Le PUITS CHOMEL ou PETIT PUITS ,

La SOURCE DE L'HÔPITAL ,

La SOURCE DES CÉLESTINS ,

La SOURCE D'HAUTERIVE ,

La SOURCE DES DAMES ,

La SOURCE LUCAS .

La SOURCE BROSSON.

Ces différentes sources ont entre elles une grande analogie, sous le rapport de leur composition chimique ; elles ne diffèrent que par une très-légère proportion, en plus ou en moins, des divers éléments qui les minéralisent, et dont le principal, dans toutes, est toujours le bicarbonate de soude, que l'on y trouve, en général, dans la proportion d'environ cinq grammes par litre. La différence la plus sensible qu'il y ait entre elles, c'est celle de leur température qui varie, suivant chaque source, depuis 14 degrés centigrades jusqu'à 45 degrés.

Les différences qu'elles présentent dans leur application au traitement des maladies ne sont véritablement bien sensibles qu'à la source même, où l'expérience a appris que telle source réussit, en général, mieux contre certaines affections que que telle autre source. C'est ainsi que l'on emploie plus ordinairement l'eau de la source de l'Hôpital dans les affections des voies digestives ; celle de la Grande Grille, dans les affections du foie et les engorgements abdominaux ; et celle des Célestins contre la gravelle et la goutte ; mais cela varie beaucoup suivant certaines conditions particulières dans lesquelles se trouvent les malades.

Ces différences s'effacent, d'ailleurs, en trèsgrande partie, lorsque ces Eaux sont bues loin de la source, et qu'elles sont, par conséquent, revenues à la même température ; aussi M. Petit n'a-t-il pas jugé à propos de préciser ces différences dans son ouvrage.

Imp. Maulde et Renou, rue de Rivoli, 114.

60

www.ingramcontent.com/pod-product-compliance
Lightning Source LLC
Chambersburg PA
CBHW070744210326
41520CB00016B/4565